MATEMÁTICA FINANCIERA

Un método simple para aprender y un enfoque científico para razonar

Sergio Iván Pilares Casas

CADUCEUS

MATEMÁTICA FINANCIERA
Un método simple para aprender y un enfoque científico para razonar

Editado por: Corporación Ígneo, S.A.C.
para su sello editorial Caduceus
José Olaya 169, Ofic. 504, Miraflores. Lima, Perú
Primera edición, septiembre, 2023

ISBN: 978-612-49051-8-6
Impresión bajo demanda

Hecho el Depósito Legal en la Biblioteca Nacional del Perú N° 2023-04574
Se terminó de imprimir en septiembre, del 2023 en:
ALEPH IMPRESIONES SRL
Jr. Risso Nro. 580 Lince, Lima

www.grupoigneo.com
Correo electrónico: contacto@grupoigneo.com
Facebook: Grupo Ígneo | X: @editorialigneo | Instagram: @grupoigneo

Índice de contenido

Pautas para los usuarios del libro

- Todos los cálculos matemáticos deben realizarse sin aproximar los resultados intermedios; lo recomendable es hacerlos en una sola operación, cuando se efectúan con calculadora, empleando signos de agrupación y funciones. De ser indispensable, se recomienda utilizar dichos resultados y usar las memorias de la calculadora para almacenarlos.
- Si se llevan a cabo con hoja de cálculo, lo más conveniente es utilizar los valores intermedios en celdas y emplearlas como valor de un cálculo intermedio. Las aproximaciones solo se usan en los resultados finales, tratándose de moneda con dos decimales.
- En la escritura de los números se procede según lo establecido en la Norma Técnica Peruana (NTP 821.004), *Principios de escritura de los números, unidades, símbolos y magnitudes 1988*, revisada en el 2013 por Indecopi, la cual establece que el separador decimal es la coma y el separador de miles es un espacio.
- Al adquirir este libro en la dirección http://matematicafinancierapilares.com usted tiene derecho a descargar archivos en Excel que figuran en él, con el procedimiento que se indica en la misma página web.

Repaso de matemática básica

El tanto por ciento

Al hablar del tanto por ciento, o porcentaje, nos referimos a una cantidad de cada 100 unidades; es decir, un número expresado en fracción con denominador 100. El tanto por ciento se utiliza para establecer relaciones entre dos cantidades, de modo que indica la parte proporcional a ese número de cantidades de cada cien. Para representarlo se utiliza el **símbolo %, que en matemáticas equivale al factor 0,01**. Por ejemplo, al calcular el 25 % de una cantidad estaremos buscando veinticinco de cada cien.

A la hora de calcular un tanto por ciento, se nos facilitará **el porcentaje en cuestión y la cifra** sobre la que debemos aplicarlo. No es válido decir que calculamos un tanto por ciento a secas, sino que necesitaremos saber sobre qué cantidad lo debemos calcular.

Por ejemplo, supongamos que debemos calcular el 30 % de 1200. Para este tanto por ciento debemos realizar la siguiente operación matemática, **multiplicar el número del porcentaje por la cantidad**:

Por ejemplo: 30 x 1200 = 36 000

Una vez obtenido ese resultado, será necesario **dividir la cifra obtenida entre 100 o multiplicar por 0,01**

Por ejemplo: 36 000/100 = 360

De esta forma, ya hemos calculado el tanto por ciento y podremos decir que **el 30 % de 1200 es 360**.

Sin embargo, como apuntamos en el primer paso, un tanto por ciento es **equivalente al factor 0,01; o lo que es lo mismo, dividir entre 100**. por lo que otra forma de calcular un porcentaje será:

Siguiendo con el ejemplo de calcular el 30 % de 1200. multiplicaremos 30 por 0,01:

30 x 0,01 = 0,3

A continuación, tan solo debemos **multiplicar este factor por la cifra** sobre la que calculamos el tanto por ciento; es decir:

0,3 x 1200 = 360

Y obtendremos el mismo resultado que al aplicar el método anterior para calcular un porcentaje.

Ejercicios

MÉTODO 1. REGLA DE TRES

Calcular el 30 % de 1200:

100 %	1200
30 %	X

100X = (30)(1200)

$$X = \frac{(30)(1200)}{100}$$

X = 360

MÉTODO 2. CALCULANDO EL TANTO POR 1

El tanto por 1 es el resultado de dividir el %/100:

30 % = 30/100 = 0,3

30 % de 1200 = (0,3)(1200)

X = 360

TANTO POR CIENTO MÁS

Calcular el tanto por ciento más es calcular el 100 % más un porcentaje.

Ejemplo: Calcular 4000 más el 20 %.

Calculamos el 20 % de 4000

20 % de 4000 = 4000(0,2)

X = 800

Sumamos 800 + 4000

4000 + 20 % de 4000 = 4800

Método simplificado

Calculamos el 120 % de 4000

X = 4000(1,2)

X = 4800

TANTO POR CIENTO MENOS

Es restar a una cantidad un porcentaje de esta.

Ejemplo: 6 500 menos el 12 %

Calculamos el 12 % de 6500

12 % de 6500 = 6500(0,12)

12 % de 6500 = 780

6500 - 12 % = 6500 - 780

6500 - 12 % = 5720

Método simplificado

Calculamos el 88 %, que resulta de restar 100 - 12 = 88

6500 - 12 % = 6500(0,88)

6500 - 12 % = 5720

Porcentaje de una cantidad respecto de otra

Ejemplo:

¿Qué porcentaje representa 135 respecto de 600?

Método 1. Regla de tres

600 100 %

135 X %

X % = 135(100)/600

X % = 22,5

Método simplificado

X % = tanto por 1 x 100

X % = (135/600)100

X % = 22,5

Ejercicios de %. Calcule y compruebe los resultados				
1	¿Cuál es el 15 % de 580?	= 0,15 x 580	87	
2	Calcular el 2 % de 500	= 0,02 x 500	10	
3	Calcular el 4 % de 75	= 0,04 x 75	3	
4	Calcular el 5 % de 60	= 0,05 x 60	3	
5	Calcular el 10 % de 98	= 0,1 x 98	9,8	
6	¿8 es el 30 % de qué número?	= 8/0,3	26,6666667	
7	¿8 es el 30 % más de qué número?	= 8/1,3	6,15384615	
8	¿Qué % de 12 es 10?	= 10/12	0,83333333	= 83,33 %
9	Calcular 200 + 12 % de 200	= 200*1,12	224	
10	Calcular 200 - 12 % de 200	= 200*(1 – 0,12)	176	

Matemática financiera

La palabra *matemática* viene del griego *mathema*, que significa más o menos el conocimiento que se adquiere aprendiendo en la escuela. La matemática era un conjunto de ciencias esencialmente teóricas. El sufijo *-tica/-ica* significa «relativo a». Entonces, la matemática es *matema* + *tica*, todo lo relativo al conocimiento que se enseña en las escuelas.

En la Grecia antigua, en particular, la matemática involucraba la aritmética, o teoría del número; la geometría, o teoría de las formas, y la astronomía, que terminó constituyéndose en trigonometría. Los griegos también tenían la logística, un conjunto de artes (habilidades adquiridas) para calcular cantidades, sobre todo en el comercio y en la industria artesanal.

Los romanos usaban la palabra *calcŭlus*, que significa *piedrecita* (o *guijarro*) para referirse a las operaciones aritméticas, porque calculaban ayudándose con pequeñas piedras. De ahí viene *cálculo*, que tiene dos sentidos en el castellano; se llama así a las operaciones básicas, pero también al análisis de derivadas e integrales.

Definición

Ciencia deductiva que estudia las propiedades de los entes abstractos, como números, figuras geométricas o símbolos, y sus relaciones.

División de la matemática

- Matemática pura
- Matemática aplicada

MATEMÁTICA PURA

Estudio de la cantidad considerada en abstracto; la estudia la matemática desde el punto de vista teórico. También se llama *matemática teórica*. Entre las ramas de la matemática pura podemos mencionar la aritmética, el álgebra, la geometría y la trigonometría.

MATEMÁTICA APLICADA

Estudio de la cantidad considerada la actividad particular en relación con ciertos fenómenos físicos. Es la matemática dedicada a una rama particular del conocimiento. Dentro de la matemática aplicada se encuentra la matemática financiera.

MATEMÁTICA FINANCIERA

Es una rama de la matemática aplicada que estudia el valor del dinero en el tiempo. Combina elementos fundamentales (capital, tasa, tiempo), para conseguir un rendimiento o interés, al brindar herramientas y métodos que permitan tomar la decisión más correcta a la hora de realizar una inversión.

Interés

Es el pago realizado por la utilización del dinero de otra persona. En economía, se considera, más en específico, el efectuado por la obtención del capital. Los economistas también consideran el interés como la recompensa del ahorro; es decir, el pago que se ofrece a los individuos para que ahorren, permitiendo que otras personas accedan a este.

Para la teoría económica, el interés es el precio del dinero. Cuando solo se pagan intereses sobre el principal, es decir, sobre el importe del dinero prestado, se denomina interés simple. Cuando no solo se pagan sobre el principal, sino sobre el total acumulado del principal y de los pendientes de pago, se conoce bajo el nombre de interés compuesto. El tipo de interés se expresa como porcentaje del principal, o la parte por unidad que se paga por utilización de una unidad monetaria a lo largo de un determinado tiempo, usualmente un año.

Modos de cálculo del interés

INTERÉS SIMPLE

Metodología de cálculo en la que los intereses no se acumulan para calcular interés en el periodo siguiente; es decir, el capital permanece constante a lo largo de todos los periodos.

INTERÉS COMPUESTO

Metodología de cálculo en la que los intereses se acumulan para calcular el interés en el periodo siguiente.

LAS VARIABLES FINANCIERAS

Tasa de interés	(i)
Tiempo	(n)
Capital inicial	(P)
Capital final	(S)
Flujo de efectivo	(R)
Interés	(I)

TASA DE INTERÉS (I)

Tasa es la relación entre dos variables; por ende, la tasa de interés es la relación entre la ganancia del dinero y el tiempo. Dicho de otra forma, es la ganancia de una unidad monetaria por cada periodo.

La tasa de interés se expresa en tanto por uno. Por ejemplo, 0,05: cinco centésimas por unidad anual. O lo que es lo mismo, 5 unidades por cada 100. Esto da lugar a la llamada notación porcentual: 0,05 equivale al 5 %.

El interés es en función del tiempo; por lo tanto, siempre debe expresarse el tiempo al que corresponde. Por ejemplo: 3 % mensual, 4 % trimestral, etc. Si no se expresa el tiempo, se entiende por tasa anual; sin embargo, para ser precisos en la expresión no se recomienda omitirlo.

Por definición, la tasa de interés es vencida y, por lo tanto, efectiva para el periodo expresado. También se llama a esta tasa de descuento tasa interna de retorno (TIR).

EL TIEMPO (n)

Expresa el número de periodos. Los periodos representan tiempo y pueden ser años, bimestres, trimestres, meses, semanas, días, horas, etc. El tiempo transcurre de manera continua, no en tramos, a los que llamamos periodos.

Es indispensable que la tasa de interés coincida con el periodo. Es decir, el tipo de interés y el plazo deben referirse a la misma unidad de medida del tiempo. Si la tasa es anual, los periodos deben estar expresados en años; si la tasa es mensual, en meses, etc.

El transcurso del tiempo es imprescindible para que se generen intereses.

STOCK DE CAPITAL

Es una cantidad de dinero tomada al inicio o al final del horizonte temporal. Se presenta en dos momentos:

Capital inicial (P). Es el *stock* de capital al inicio del horizonte temporal. Este capital, que no incluye intereses, también se denomina valor actual, valor presente, valor presente neto y valor actual neto o VAN.

Capital final (S). Es el *stock* de capital al finalizar el horizonte temporal. Es el capital inicial más los intereses también recibe los nombres de monto, monto capitalizado, saldo, o valor nominal en el caso de descuentos.

A partir de este concepto, podemos establecer la siguiente equivalencia:

$S = P + I$

Donde:

S = Capital final

P = Capital inicial

I = Interés

FLUJO DE EFECTIVO (R)

Serie de pagos periódicos. Se llama también pago, cuota, renta o anualidad; aun cuando este último término está restringido a pagos periódicos anuales, con frecuencia se aplica de forma indebida a pagos periódicos diferentes de los pagos anuales.

INTERÉS (I)

Ganancia de capital (P) en un lapso de tiempo expresado en número de periodos (n) y a una tasa periódica (i) determinada.

Interés simple

Modalidad de cálculo en la que los intereses devengados no se acumulan al capital inicial para calcular en el periodo siguiente.

La fórmula para calcular el interés simple es la siguiente:

$$I = Pin$$

Donde:

I = Interés

P = Capital inicial

i = Tasa de interés unitaria periódica

n = Tiempo en número de períodos

En esta fórmula, por facilidad de cálculo, se usa la tasa unitaria periódica; es decir:

$$i = \frac{\%}{100}$$

La tasa periódica debe expresarse en las mismas unidades temporales del periodo (si la tasa es anual, los periodos deben estar expresados en años; si la tasa es mensual, los periodos deben estar expresados en meses, etc.). **Para este fin se recomienda dejar la tasa tal como está expresada y modificar el tiempo para que coincida con la tasa.** La utilidad de este procedimiento se verá más adelante, cuando apliquemos el interés compuesto.

UNA DISQUISICIÓN IMPORTANTE

Cuando la tasa y el tiempo están expresados en las mismas unidades temporales, como por ejemplo tasa anual y tiempo en años, o tasa mensual y tiempo en meses, no hay problema alguno, y la fórmula puede operarse como está. Pero si la tasa y el tiempo no están expresados en los mismos términos temporales, caben dos posibilidades: expresar la tasa en los términos temporales del tiempo, o expresar el tiempo en los términos temporales de la tasa.

Si esto ocurre en el interés simple, no hay diferencia alguna en el resultado, porque el orden de los factores no altera el producto.

En el interés compuesto, debido a que operar exponentes fraccionarios es siempre algo engorroso, se hizo costumbre simplificar los cálculos, optando por adecuar la tasa a las unidades del tiempo. Esto permitía obtener un valor proporcional del interés en un intervalo recurriendo a la regla de tres, lo que ocasiona un error de cálculo cuando se lleva el razonamiento al interés compuesto, porque en esa modalidad el tiempo se convierte en exponente, en cuyo caso no tiene la misma connotación que un factor. Los cálculos con este error de razonamiento nos conducen a resultados erróneos.

EJEMPLO NUMÉRICO

Calcular el interés simple de un capital de S/ 250 000,00 en seis meses, a la tasa unitaria anual de 0,12 (12 % anual).

Los datos son:

P = S/250 000,00

i = 0,12 unitaria anual

n = 6 meses = 6/12 años

Hemos realizado la sencilla operación de expresar los seis meses en términos de años. Ahora ya coincide la tasa anual con el tiempo expresado en años y podemos realizar el cálculo aplicando la fórmula:

I = Pin

I = 250 000,00 x 0,12 x 6/12

I = S/15 000,00

0,12 = Tasa unitaria anual (i)

6/12 = 6 meses expresado en términos de años

Ahora que el cálculo computacional está al alcance de todos, los bancos y las financieras ya no tienen que confiar los cálculos a sus cajeros y trabajadores en trato directo con el cliente. En la actualidad se tiene organizado un sistema informático capaz de calcular cualquier interés para todo momento. De hecho, una calculadora manual o una hoja electrónica hacen el trabajo de elevar un valor a cualquier exponente, entero o fraccionario, negativo o positivo. El uso del método tradicional de las partes proporcionales no se recomienda.

Descuento racional simple

En el sentido matemático, se trata de la operación inversa a la capitalización simple. Entendemos, pues, por interés anticipado (o de descuento) aquella operación financiera consistente en la sustitución de un capital futuro por otro con vencimiento presente.

En la práctica habitual, estas operaciones se deben a la necesidad de los acreedores de anticipar los cobros pendientes antes de su vencimiento, acudiendo a los intermediarios financieros, quienes cobran una cantidad por concepto de intereses que se descuentan sobre el capital a vencimiento de la operación de la que se trate.

En una operación de descuento se conoce el capital final, que es el valor nominal del título valor. Entonces la operación de cálculo se limita a establecer el capital inicial mediante la fórmula:

$$P = \frac{S}{(1+in)} \quad \text{O su equivalente} \quad P = S(1+in)^{-1}$$

Y por diferencia entre el capital final S y el capital inicial P calculamos el interés:

I = S - P

Ejemplo:

Calcular el valor descontado (P) y el interés (I) de una letra por S/20 000,00 (S) en 80 días al 15 % anual (i).

Nuestros datos son:

P = ?

I = ?

S = S/20 000,00

n = 80 días = 80/360 años

i = 15 % anual = 0,5 unitaria anual

Cálculo del capital inicial (P)

$$P = \frac{S}{(1+in)}$$

$$P = \frac{20\,000}{\left(1+0{,}15(\frac{80}{360})\right)}$$

P = S/19 354,84

I = S - P

I = 20 000 - 19 354,84

I = S/645,16

Liquidación:

Valor nominal (valor del documento) = S/20 000,00

Menos 80 días intereses 15 % anual = S/645,16

Abono en cuenta S/19 354,84

Comprobación:

Si calculamos el interés sobre el abono en cuenta por 80 días al 15 % tenemos:

I = Pin

$$I = 19\,354{,}84(0{,}15)\left(\frac{80}{360}\right)$$

I = S/645,16

Para calcular el interés utilizamos la fórmula

I = S - P

Pero

$$P = \frac{S}{(1+in)}$$ Como se demostró más arriba

$$I = S - \frac{S}{(1+in)}$$ Reemplazando P por su equivalente

En las operaciones de descuento, por lo general, el tiempo está calculado en días debido a que los bancos descuentan los documentos de la fecha de operación a la fecha de vencimiento.

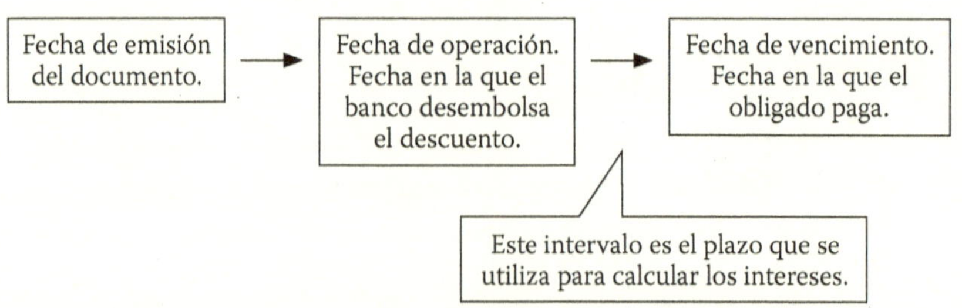

Anexos

Método para el cálculo de los días transcurridos entre dos fechas

De los días que tiene el mes de inicio, restar los días transcurridos, sumar los días completos de los meses siguientes y, en el mes de vencimiento, solo contar los días hasta dicho vencimiento.

Ejemplo:

Calcular los días transcurridos entre la fecha de operación, 26 de marzo de 2021 al 18 de diciembre de 2021.

Procedemos así:

Marzo (31 - 26) =	5
Abril	30
Mayo	31
Junio	30
Julio	31
Agosto	31
Septiembre	30
Octubre	31
Noviembre	30
Diciembre	18
Total de días transcurridos:	267

En Excel se calcula fácilmente digitando en una celda la fecha más reciente, en otra la fecha anterior, y calculando en una tercera celda el número de días con la fórmula *días*.

Interés compuesto

DEMOSTRACIÓN DE LA FÓRMULA DEL INTERÉS COMPUESTO

Las variables que utilizaremos son las siguientes:

I = Interés

P = Capital inicial, capital, valor actual, valor actual neto (VAN)

S = Capital final, monto

n = Número de periodos

i = Tasa de interés unitaria por cada periodo (tanto por 1 = %/100)

En el periodo 1

$I = Pi$ Interés en 1 periodo = Capital inicial x tasa unitaria

$S_1 = P + I$ Capital final = Capital inicial + interés

$S_1 = P + Pi$ Reemplazando I por su valor

$S_1 = P(1 + i)$ Factorizando (Capital final al fin del periodo 1)

En el periodo 2

$S_2 = S_1(1 + i)$ Capital final al periodo 2 = Capital final al periodo 1 x (1 + i)

Reemplazando S_1 por su valor

$S_2 = P(1 + i)^2$ Capital final al término del periodo 2

De lo que se deduce que:

$S_n = P(1 + i)^n$

El término $(1 + i)^n$ es el factor simple de capitalización al fin del periodo n, y corresponde al capital final que alcanza una unidad monetaria (P) en el momento (n); con lo que hemos demostrado que en el interés compuesto el tiempo (n) se convierte en exponente. Esto implica que la función del interés compuesto es una función exponencial.

CARACTERÍSTICAS DE LA FUNCIÓN EXPONENCIAL

Las funciones exponenciales tienen la forma $f(x) = a^x$, donde $a > 0$ y $a \neq 1$. Al igual que cualquier expresión exponencial, **a** se llama *base* y **n** se llama *exponente.*

PROPIEDADES DE LA FUNCIÓN EXPONENCIAL

Dominio: $\mathcal{R}$

Recorrido: $\mathcal{R}^+$

Es continua en todo $\mathcal{R}$

Los puntos (0, 1) y (1, a) pertenecen a la gráfica con independencia de la tasa.

Es inyectiva $\forall\ a \neq 1$ (ninguna imagen tiene más de un original).

Es creciente si $a > 1$

Cada valor se obtiene del valor precedente multiplicado $(1 + i)^{\Delta n}$. pudiendo ser Δn cualquier valor entero o fraccionario por la ley de los exponentes.

El número de capitalizaciones no forma parte de la función.

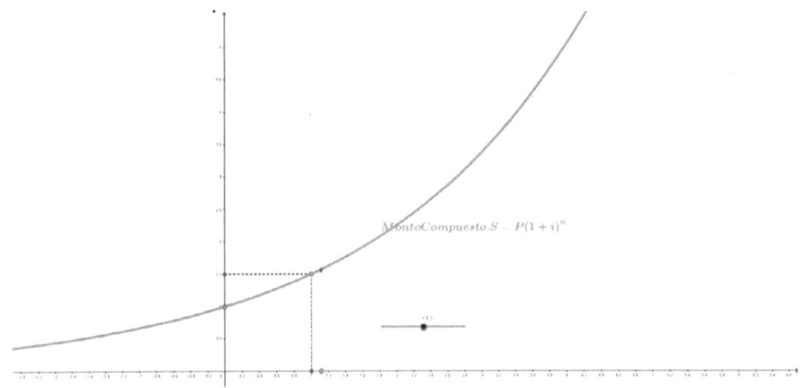

En el gráfico se puede apreciar que la función $S = P(1 + i)^n$ muestra el recorrido de una cantidad de dinero desde el pasado hasta el periodo cero, en el que asume el valor de 1. y en el periodo 1 el valor de P(1 + i).

Si asumimos el valor de P = 1. es el recorrido de una unidad monetaria en el periodo cero, cuando el tiempo es negativo. En el pasado, es el valor descontado; en el presente asume el valor de 1 y en el futuro el valor capitalizado.

Los valores monetarios están dados por $(1 + i)^n$

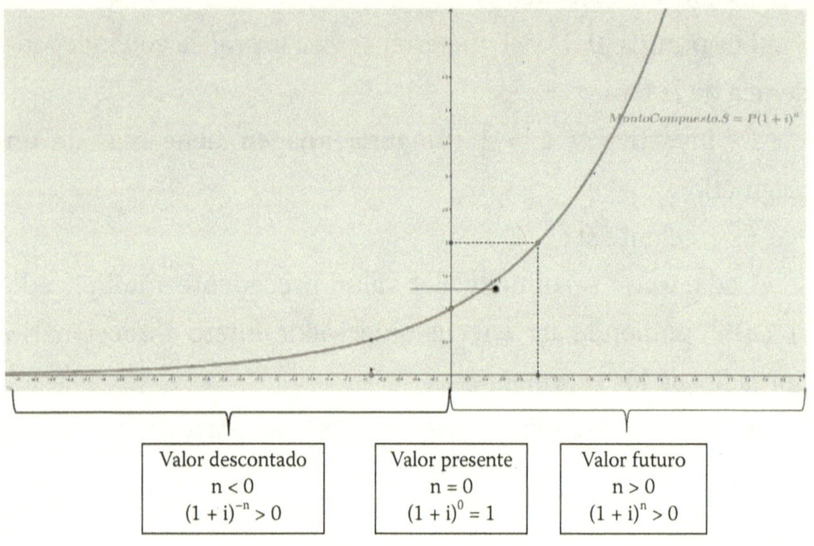

Obsérvese que el valor de $(1 + i)^{-1}$ tiende a cero, cuando n tiende a $-\infty$, pero no puede ser cero debido a que siempre debe existir un capital inicial > 0 para ser invertido. Por lo que si la tasa está expresada en términos anuales y el periodo en días, la fórmula del factor simple de capitalización se convierte en:

$$FSC = (1 + i)^{\frac{Días}{360}}$$

Exponente: Días expresados en términos de años.

Tasa unitaria anual

Esto demuestra que la fórmula:

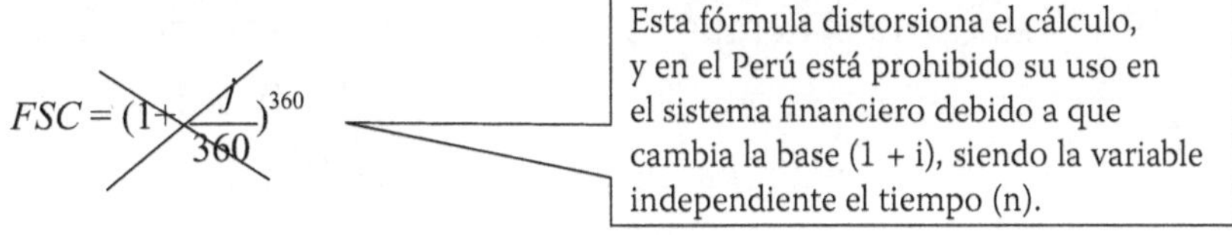

Es un despropósito, ya que realiza la división en la tasa y se eleva a la potencia años multiplicada por el divisor 360. que distorsiona el resultado; y como no hubo forma de explicar esta distorsión, se creó el término de *tasa nominal* para tratar de diferenciarla de la tasa efectiva. La verdad es que existe una sola tasa de interés que es efectiva para su periodo, que al calcularla de manera correcta no provoca distorsión alguna, si se calcula por subperiodos.

Lo aplicable para una función lineal no es aplicable a la función exponencial y viceversa. Tengamos presente que la variable independiente es n, que puede tomar cualquier valor entre los números reales, de menos infinito a más infinito.

Tengamos en cuenta que n mide el tiempo y el tiempo varía de modo constante, con independencia de la unidad de medida que se use.

Por otro lado, la expresión (1 + i) es la base de la función; en consecuencia, es una constante que, si la variamos, cambiamos la tasa y, por ende, cambiamos la función.

El número de capitalizaciones por periodo no forma parte de la función.

El valor de $(1 + i)^n$ se obtiene multiplicando por (1 + i) el resultado anterior; es decir, en el momento previo.

El valor de $(1 + i)^n$ es el recorrido de una unidad monetaria en el tiempo, y tiene las siguientes características:

a. Es asíntota con respecto al tiempo en el valor más negativo.
b. El valor para el tiempo cero es uno, con independencia de la tasa de interés que usemos, porque $(1 + i)^0 = 1$.
c. El valor que asume para un periodo es $(1 + i)$, debido al exponente 1. que no está escrito.
d. La tasa periódica está determinada en el periodo 1.
e. Para calcular el valor de una cantidad de dinero en un momento dado solo se requiere multiplicar la cantidad de dinero por el valor de $(1 + i)^n$ en el momento n.

   Las otras tasas no son más que errores de cálculo; motivo por el que no consideramos conveniente estudiarlas.

El procedimiento de dividir la tasa calcula interés simple en cada periodo de capitalización, después de lo cual capitaliza.

Graficando, resulta un polígono con vértices en cada periodo de capitalización, por completo diferente a la gráfica del interés compuesto, que es continua. Esto se debe a que en las fracciones de periodo, o subperiodos, la función del interés simple siempre es mayor que el interés compuesto. Ocurre lo contrario cuando los periodos de capitalización son superiores a un periodo. Tienen un punto secante en n = 1.

Como son dos funciones diferentes, lo aplicable para la función de interés simple no es aplicable para la función de interés compuesto.

COMPARACIÓN DEL CAPITAL FINAL A INTERÉS SIMPLE E INTERÉS COMPUESTO

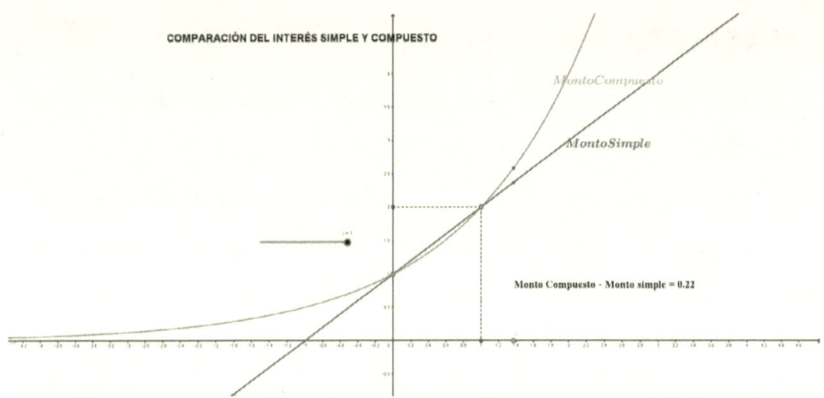

Para P = 1 una unidad monetaria.

La función del capital final o monto S en interés compuesto es: $S = (1 + i)^{n}$

La función del capital final o monto en interés simple es: $S = (1 + in)$.

Es importante observar que ambas funciones son secantes en n = 0. En ambos casos es uno, debido a que en interés compuesto $(1 + i)^{0}$ es 1 y $(1 + in)$ en interés simple para n = 0 es 1.

El otro punto secante es en el periodo 1. en el que en ambos casos el valor de S es $(1 + i)$. Por otro lado, se observa que el interés simple es mayor entre el periodo 0 y el 1; es decir, en cualquier tiempo menor a 1 periodo y mayor a cero. A saber, en cualquier fracción de periodo.

En periodos mayores que 1 siempre el interés compuesto es mayor.

En periodos menores a 0. es decir, el valor descontado, el interés compuesto siempre es mayor que en interés simple, en cuya modalidad de cálculo el valor descontado de una operación adquiere incluso valores negativos; hecho que no resulta razonable.

TASA EFECTIVA DE INTERÉS

Es la tasa de interés en que reproducirá la tasa expresada para un periodo (ejemplo 5 % anual), con independencia de los periodos de capitalización y la forma de cobro adelantado o vencido. Es decir, si se conviene en una tasa efectiva de interés anual, por ejemplo 5 %, el costo financiero de esa operación siempre será 5 % por año, con independencia de que capitalicemos en forma anual, mensual, quincenal, diaria o instantánea. Asimismo, el coste financiero será 5 % anual, así se cobren los intereses a término vencido o a término adelantado, y que el descuento sea a cualquier plazo.

Dicho de otra forma, el prestamista solo obtendrá una utilidad de $ 5,00 por cada $ 100,00 prestados en un año; sea cual fuere la frecuencia de capitalización y la modalidad de pago.

Esto se logra calculando una tasa equivalente para cada subperiodo, de modo tal que capitalizada las veces que el periodo contiene al subperiodo producirá la tasa efectiva convenida. De donde, finalmente, la Superintendencia de Banca, Seguros y AFP (SBS) determina el factor de interés a término vencido (interés de una unidad monetaria correspondiente a una tasa unitaria anual, en un periodo de días expresado en términos de años; ver circular B-1813-85 de la SBS).

FÓRMULAS DERIVADAS DEL INTERÉS COMPUESTO

$S = P(1 + i)^n$ Capital final (S)

DEDUCCIÓN DE LA FÓRMULA DEL INTERÉS COMPUESTO

$S = P + I$	El capital final S es igual al capital inicial P + el interés (I)

Si conocemos P

$I = S - P$	Despejando I
$I = P(1+i)^n - P$	Reemplazando S por su valor
$I = P((1+i)^n - 1)$	Factorizando

Si conocemos S:

I = S - P	
$I = S - S(1+i)^{-n}$	Reemplazando P por su valor
$I = S(1-(1+i)^{-n})$	

DEDUCCIÓN DEL CAPITAL INICIAL (P)

$P = S(1+i)^{-n}$	Capital inicial (P), despejando el capital inicial de la fórmula del capital final

El término $(1 + i)^{-n}$ se denomina ***factor simple de actualización.***

DEDUCCIÓN DEL NÚMERO DE PERIODOS

$S = P(1+i)^n$	
$(1+i)^n = \frac{S}{P}$	Despejando $(1 + i)^n$
$n\log(1+i) = \log\frac{S}{P}$	Aplicando logaritmos
$n = \frac{\log(\frac{S}{P})}{\log(1+i)}$	Despejando (**n**)

DEDUCCIÓN DE LA TASA DE INTERÉS (I)

$S = P(1+i)^n$	Fórmula básica del monto (**S**)
$(1+i)^n = \frac{S}{P}$	Despejando $(1 + i)^n$
$(1+i) = (\frac{S}{P})^{\left(\frac{1}{n}\right)}$	Aplicando potencia inversa (radicando)
$i = \left(\frac{S}{P}\right)^{(\frac{1}{n})} - 1$	Despejando (i)

El valor del dinero en el tiempo

El factor tiempo juega un papel decisivo a la hora de fijar el valor de un capital. No es lo mismo disponer de 1 millón de soles hoy que dentro de un año, ya que el dinero se va depreciando como consecuencia de la inflación. Por lo tanto, 1 millón de soles en el momento actual será equivalente a 1 millón de soles más una cantidad adicional dentro de un año. Esta cantidad adicional es la que compensa la pérdida de valor que sufre el dinero durante ese periodo.

Hay dos reglas básicas en matemática financiera:

- Ante dos capitales de igual cuantía en distintos momentos, se preferirá aquel que sea más cercano.
- Ante dos capitales en el mismo momento, pero de distinto importe, se preferirá aquel de importe más elevado.

Gráficamente, podemos mostrar el valor presente, el interés y el valor futuro:

Capital inicial P + Interés I = Capital final

S = P + I

De donde podemos despejar cada una de las variables.

$P = S(1+i)^{-n}$ $\quad I = P((1+i)^n - 1)$ $\quad S = P(1+i)^n$

Ejemplo numérico

Un capital inicial de S/20 000,00

Después de 5 años a la tasa anual de 12 %

Gana intereses por S/15 246,83

Y se convierte en un capital final de S/35 246,83

$S = P(1 + i)^n$

$S = 20\,000{,}00(1 + 0{,}12)^5$

$S = 35\,246{,}83$

COMBINACIÓN DE TASAS DE INTERÉS

Para combinar tasas de interés de una operación en la que las tasas varían en cada subperiodo se hace necesario capitalizar al finalizar el plazo de la vigencia de la primera tasa; al saldo así obtenido se aplica la segunda tasa, y así sucesivamente.

Es decir, si a un capital inicial se le aplican de forma sucesiva diferentes tasas de interés, debemos proceder de la siguiente forma:

$S_n = S_0(1 + i_1)^{(días/360)} (1 + i_1)^{(días/360)} \ldots\ldots\ldots\ldots\ldots\ldots (1 + i_n)^{(días/360)}$

Ejemplo numérico

Calcular el saldo de un capital de S/15 000,00 después de aplicar sucesivamente las siguientes tasas de interés: 20 días al 7 % anual, 45 días al 8 % anual y 150 días al 9 % anual.

$S = 15\,000(1{,}07)^{(20/360)} (1{,}08)^{(45/360)} (1{,}09)^{(150/360)}$

S = S/15 757,82

Que resulta mucho más práctico que calcular sucesivamente los saldos a cada fin de subperiodo y calcular de nuevo.

DESCUENTO A INTERÉS COMPUESTO

El descuento es una operación que consiste en la presentación de un título de crédito en una entidad financiera que abona su importe en dinero, descontándolo de las cantidades cobradas por intereses, comisiones y gastos.

Una definición que facilita el Banco de España acerca del descuento comercial es la siguiente:

> Es el descuento realizado por entidades de crédito, de efectos comerciales, esto es, cualquier documento que justifique un crédito a favor de la empresa, como consecuencia de las actividades habituales; pueden ser letras, pagarés u otro tipo de efectos creados para movilizar el precio de las operaciones de compraventa o prestación de servicios.

Matemáticamente, se trata del cálculo de valor presente de un documento de valor futuro conocido.

Ejemplo

Fecha de emisión	**Fecha de descuento**	**Tasa de interés**	**Fecha de vencimiento**	**Valor nominal**
5/4/2018	14/5/2018 Valor presente	15 % anual n = 67 días	20/7/2018	S/25 000,00 Valor futuro
	S/24 358,10	◄────	────	────┘

Procedimiento de cálculo

Procedimiento a) Cálculo del valor presente:

Se calcula el valor presente P conocido el valor futuro

$S = P(1 + i)^{n}$

$P = S(1 + i)^{-n}$

$P = 25\,000(1 + 0{,}15)^{-(67/360)}$

$P = S/24\,358{,}10$

Como sabemos $S = P + I$

Despejamos I

$I = S - P$

$I = 25\,000 - 24\,358{,}105$

$I = S/641{,}90$

Cálculo de los días transcurridos		
Mayo	31-14	17
Junio	30	30
Julio	20	20
Días transcurridos		67

Procedimiento b) Cálculo del interés:

$S = P + I$

$I = S - P$

$I = S - S(1 + i)^{-n}$

$I = S(1 - (1 + i)^{-n})$

Reemplazando valores

$I = 25\,000(1 - (1{,}15)^{-(67/3609)}$

$I = S/641{,}90$

$P = S - I$

$P = 25\,000 – 641{,}90$

$P = S/24\,358{,}10$

Ejercicio: Calcular por ambos métodos el valor presente y el interés en los siguientes casos:

Fecha de descuento	Fecha de vencimiento	Valor nominal (Futuro)	Tasa de interés anual	Días	P S/	I S/
01/09/2022	20/11/2022	S/25 000,00	15 %	80	24 235,48	764,52
01/09/2022	31/12/2022	S/25 000,00	15 %	121	23 852,77	1147,23
01/09/2022	15/10/2022	S/40 000,00	11 %	44	39 493,04	506,96
01/09/2022	08/11/2022	S/10 000,00	11 %	68	9 804,81	195,19
01/09/2022	18/12/2022	S/100 000,00	14 %	108	96 145,41	3854,59
01/09/2022	02/01/2023	S/48 000,00	16 %	123	45 626,60	2373,40
01/09/2022	15/12/2022	S/25 000,00	12 %	105	24 187,15	812,85

Anualidades o pagos periódicos

RENTA

Es el pago periódico de igual importe.

Periodo de renta

Es el tiempo que transcurre entre los pagos periódicos continuos.

ANUALIDAD

Definición

Una anualidad es una serie de pagos que cumplen con las siguientes condiciones:

1. Todos los pagos son de igual valor.
2. Todos los pagos se hacen, por lo general, a iguales intervalos de tiempo.
3. Todos los pagos son llevados, al principio o al final de la serie, a la misma tasa.
4. El número de pagos debe ser igual al número de periodos.

Esta definición se refiere en específico a pagos anuales; sin embargo, es aplicable a todo pago periódico de igual importe que se efectúe en periodos iguales, como meses, bimestres, semestres, etc.

En adelante, la llamaremos *rentas periódicas*, con la finalidad de englobar en la definición a periodos diferentes del año.

Clases

Anualidad ordinaria o vencida, o renta vencida: Es aquella en la cual los pagos se hacen al final de cada periodo, por ejemplo el pago de salarios a los empleados, ya que primero se realiza el trabajo y luego se realiza el pago. Se representa así:

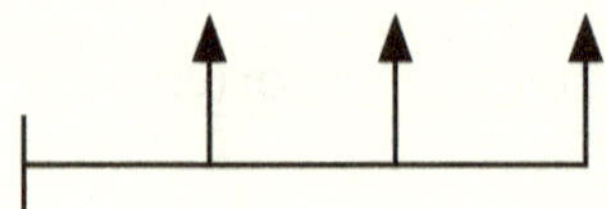

Fórmula

Demostración de la fórmula de renta vencida R:

Cálculo del valor presente (P) de una serie de pagos periódicos (R).

Sabemos que el valor presente de una serie de pagos (R) es igual a la suma de los valores actualizados de cada uno de los pagos (R)

$$1.\ \ P = \frac{R}{(1+i)} + \frac{R}{(1+i)^2} + \frac{R}{(1+i)^3} + \frac{R}{(1+i)^4} + \frac{R}{(1+i)^5} \qquad \frac{R}{(1+i)^{n+1}}$$

Es decir, el primer pago se actualiza por un periodo; el segundo, por 2; el tercero, por 3; y el pago n, por n periodos.

Multiplicamos la ecuación 1 por $\frac{1}{(1 + i)}$

$$2.\ \ P = \frac{R}{(1+i)} + \frac{R}{(1+i)^2} + \frac{R}{(1+i)^3} + \frac{R}{(1+i)^4} \frac{R}{(1+i)^5} \qquad \frac{R}{(1+i)^n} \qquad \left[\frac{1}{(1+i)}\right]$$

Y tenemos

$$3.\ \ \frac{P}{(1+i)} = \frac{R}{(1+i)^2} + \frac{R}{(1+i)^3} + \frac{R}{(1+i)^4} + \frac{R}{(1+i)^5} \qquad \frac{R}{(1+i)^{n+1}}$$

Restamos la ecuación 2 de la ecuación 1

$$1.\ \ P = \frac{R}{(1+i)} + \cancel{\frac{R}{(1+i)^2}} + \cancel{\frac{R}{(1+i)^3}} + \cancel{\frac{R}{(1+i)^4}} + \cancel{\frac{R}{(1+i)^5}} \qquad \cancel{\frac{R}{(1+i)^n}}$$

2. $\frac{P}{(1+i)} = \frac{R}{(1+i)^2} + \frac{R}{(1+i)^3} + \frac{R}{(1+i)^4} + \frac{R}{(1+i)^5} + \frac{R}{(1+i)^n} \qquad \frac{R}{(1+i)^{n+1}}$ (-)

3. $P - \frac{P}{(1+i)} = \frac{P}{(1+i)} + \frac{R}{(1+i)^{n+1}}$

4. $P\left(1 - \frac{1}{(1+i)}\right) = \frac{P}{(1+i)} - \frac{R}{(1+i)^{n+1}}$

5. $P\left(\frac{i}{(1+i)}\right) = \frac{R}{(1+i)} - \frac{R}{(1+i)^{n+1}}$

6. $P \frac{R}{(1+i)^{n+1}} - \frac{R}{i\,(1+i)^n}$

7. $P = \frac{R}{i}\left(1 - \frac{1}{(1+i)^n}\right)$

8. $P = \frac{R}{i}(1 - (1+i)^{-n})$

9. $R = \frac{Pi}{1-(1+i)^{-n}}$ Despejando R

R vencida = $\frac{Pi}{(1 - (1+i)^{-n})}$

Asimismo se puede usar las siguientes fórmulas:

R vencida = $\frac{\text{iSP}}{I}$

R vencida = $\frac{\text{iSP}}{S - P}$

En las dos últimas fórmulas el número de pagos (n) está dado por el número de periodos con el que se calculó (S). Este número de pagos debe expresarse en número enteros.

Ejemplo: Calcular la renta vencida de un capital inicial de $ 20 000,00 al 12 % anual pagadero en 5 cuotas anuales.

Datos:

P = $ 20 000,00

I = 12 % anual = 0,12 unitaria anual

n = 5 pagos anuales

$$R = \frac{20\,000(0{,}12)}{(1-(1{,}12)^{-5})}$$

R = $ 5548,19

Observación importante

En el caso de rentas en las que no coincida el intervalo de pago con el de la tasa de interés periódica, la tasa efectiva periódica no se debe dividir para calcular la tasa subperiódica, porque es una función exponencial. Debe obtenerse la tasa de interés equivalente para el subperiodo mediante la fórmula,

$$i_{\text{Sub periódica}} = i\,(1 + Tasa\ periódica)^{\left(\frac{\text{Dias } del\ sub\ periodo}{\text{Dias del periodo}}\right)} - 1$$

publicada por la SBS y AFP en la circular B-1813-89.

Al respecto, considerando que la función $(1 + i)^n$ es continua, la SBS y AFP ha determinado que los intereses se calculen por días para evitar que los intereses varíen en el mismo día, de acuerdo al número de horas transcurridas en el mismo día.

Calcule la tasa efectiva periódica para los siguientes casos:

Tasa efectiva		Subperiodo	Tasa equivalente unitaria	Tasa equivalente %
12 %	anual	1 mes	0,00948879293	0,948879293
12 %	anual	1 día	0,00031485146	0,031485146
12 %	anual	2 meses	0,01906762306	1,906762306
12 %	anual	180 días	0,05830052443	5,830052443
8 %	mensual	15 días	0,05830052443	5,830052443

CUADRO DE AMORTIZACIÓN

El cuadro de amortización es una tabla que muestra la evolución de la deuda después de efectuado cada pago periódico. Por lo general, se ordena en columnas en las cuales se muestran los valores de cada columna.

Es una tabla donde se muestra el calendario de pagos (principal e intereses) que se tiene que afrontar al concederse un préstamo; es decir, es un resumen de todos los pagos que tiene que realizar el prestatario (la persona que disfruta del préstamo) durante la vida del préstamo. Por ejemplo, en el cuadro estará cuánto tendremos que pagar de intereses de devolución del principal y cuál es la deuda pendiente en cada periodo.

Calculadora de préstamos

Ingrese los datos		Tasa periódica equivalente	Resumen del préstamo	
Importe del préstamo	20 000		Pago programado	5548,19
Tasa de Interés efectiva anual	12,00 %	12,00000000 %	Número de pagos programados	5
Período del préstamo en años	5		Número real de pagos	5
Número de pagos anuales	1	Anual	Total de adelantos	0,00
Fecha inicial del préstamo	25/11/2011		Interés total	7740,97

Entidad financiera:

Pago N°	Fecha del pago	Pago programado	Pago extra	Intereses	Capital	Pago total	Saldo
0	25/11/11	Desembolso					20 000,00
1	19/11/12	5548,19		2400,00	3148,19	5548,19	16 851,81
2	14/11/13	5548,19		2022,22	3525,98	5548,19	13 325,83
3	9/11/14	5548,19		1599,10	3949,10	5548,19	9376,73
4	4/11/15	5548,19		1125,21	4422,99	5548,19	4953,75
5	29/10/16	5548,19		594,45	4953,75	5548,19	0,00
	Cada 360 días	**Pago igual cada año**		**I = Saldo anterior x i I = 20 000(0,12)**	**Amortiz = Pago – int, Amort = 5 548,19 – 2400**	**Pago = int. + amortiz**	**Saldo = Saldo ant – amort Sald = 20 000 – 3 148,19**

$$R = \frac{20\,000(0,12)}{(1-(1,12)^{-5})}$$

Anualidad o renta anticipada: En esta los pagos se hacen al principio del periodo, por ejemplo, el pago mensual del arriendo de una casa, ya que primero se paga y luego se habita en el inmueble.

Fórmula: La fórmula es la de la renta vencida actualizando un periodo debido a que las rentas anticipadas se pagan al comienzo del periodo.

$$Ranticipada = \frac{pi}{(1-(1+i)^{-n})(1+i))}$$

La parte dentro la elipse es la fórmula de la anualidad vencida

Ejemplos: Una anualidad adelantada es el alquiler de una casa con pagos al inicio del contrato y al inicio de cada mes.

Ejercicios

Calcular la anualidad vencida de un préstamo por S/20 000,00 a pagarse en 5 cuotas adelantadas anuales, a la tasa anual del 12 %.

$$Ranticipada = \frac{20\,000\ x\ 0,12}{(1-1,12^{-5})(1,12)}$$

R vencida = S/5548,19

R anticipada = S/4953,75

Ejercicios

Realice los cálculos y verifique los resultados.

P	i	n	R vencida	R anticipada
20 000	0,12	5	S/5548,19	S/4953,75
25 0000	0,07	20	S/23 598,23	S/21 069,85
30 0000	0,05	15	S/28 902,69	S/25 805,97
45 000	0,08	18	S/4801,59	S/4287,14

Cuadro de amortización de la renta anticipada

P = S/20 000,00

I = 0,12 unitaria anual = 12 % anual

n = 5 pagos anticipados anuales

Fórmula:

$$R\ anticipada = \frac{Pi}{(1-(1+i)^{-n}\,(1+i))}$$

$$R\ anticipada = \frac{20\,000(0{,}12)}{(1-(1+0{,}12)^{-5}\,(1+0{,}12))}$$

$R\ anticipada = \mathit{S/4953{,}75}$

Años	Interés	Amortización	Pago	Saldo
0	0,00	4953,75	4953,75	15 046,25
1	1805,55	3148,19	4953,75	11 898,06
2	1427,77	3525,98	4953,75	8372,08
3	1004,65	3949,10	4953,75	4422,99
4	530,76	4422,99	4953,75	0,00

Observaciones

En la renta anticipada, la primera cuota se paga al desembolso, y como entre el desembolso y el pago no media tiempo, el interés es cero; por lo tanto, el total del pago se aplica a amortización.

El fin de un periodo coincide con el inicio del siguiente.

RENTAS DIFERIDAS

Son aquellas en las que el primer pago se efectúa algunos periodos después de iniciada la operación; en consecuencia, los intereses se van capitalizando.

Estos periodos en los que no se realizan pagos se denominan *periodos de gracia.*

Ejemplo: Un terreno tiene un precio de S/4 000 000,00 y puede ser cancelado en 6 cuotas mensuales, iguales a una tasa del 2,4 % mensual, de tal forma que la primera cuota se pague al finalizar el cuarto mes.

Datos:

P = S/4 000 000,00

i = Tasa de interés 2,4 % mensual = 0,024 unitaria mensual

n (número de cuotas o pagos) = 6

K (periodo de gracia) = 3 meses

Gráfico

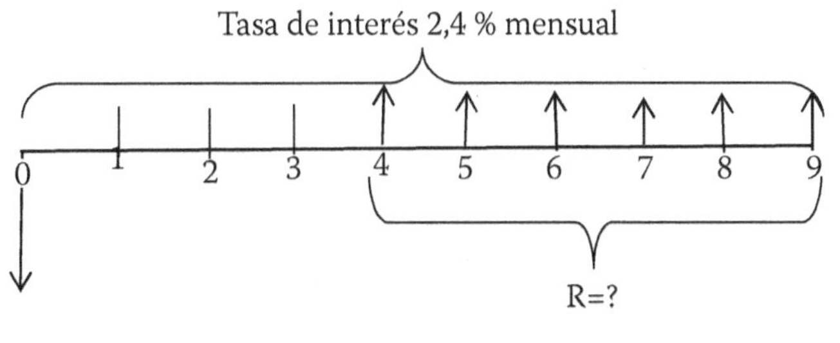

Tasa de interés 2,4 % mensual

0 1 2 3 4 5 6 7 8 9

R=?

Procedimiento

Calculamos el saldo al finalizar el tercer mes:

$S = P(1 + i)^{n}$

$S = 4\,000\,000(1 + 0{,}024)^{3}$

S/ 4 294 967,30

Calculamos la cuota o renta mensual (anualidad) para pagar en 6 cuotas el monto al finalizar el tercer mes:

$$R = \frac{4\,294\,967{,}30(0{,}024)}{(1 - (1{,}024)^{-6})}$$

R = S/777 145,40

Elaboramos la tabla de amortización:

Mes	Interés	Amortización	Pago	Saldo
	$I = (S)i$	$Am = Pago - Int$	$R_v = \dfrac{pi}{(1-(1+i)^{-n}}$	$S = Saldoanter - amort$
0	0,00	0,00	0,00	4 000 000,00
1	96 000,00	- 96 000,00	0,00	4 096 000,00
2	98 304,00	- 98 304,00	0,00	4 194 304,00
3	100 663,30	- 100 663,30	0,00	4 294 967,30
4	103 079,22	674 066,18	777 145,40	3 620 901,11
5	86 901,63	690 243,77	777 145,40	2 930 657,34
6	70 335,78	706 809,62	777 145,40	2 223 847,72
7	53 372,35	723 773,05	777 145,40	1 500 074,66
8	36 001,79	741 143,61	777 145,40	758 931,05
9	18 214,35	758 931,05	777 145,40	0,00

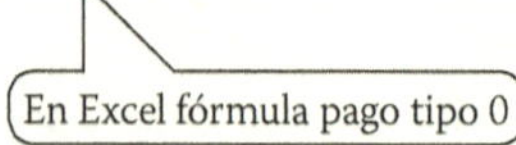

Observación

Durante el periodo de gracia la deuda crece debido a que los intereses se capitalizan. A partir de la cuota número 4 la deuda se reduce hasta extinguirse en la sexta cuota, que ocurre al finalizar el noveno mes.

Rentas con pagos iguales en periodos variables

Este caso se da cuando los intervalos entre los pagos no son iguales, tal como cuando un deudor se compromete a pagar 5 cuotas cada día determinado de cada mes, por ejemplo los días 20 de cada mes, para que coincida con la fecha de pago de sus remuneraciones.

Al realizar el cronograma de pagos, podemos notar que los intervalos dependen de la fecha de desembolso y del número de días de cada mes.

Ejemplo:

P = S/12 000,00

Fecha de desembolso: 11 de enero 2022

Fechas de pago: 28 de cada mes

Tasa de interés: 8 % anual

Número de pagos mensuales: 5

Importe: todos los pagos son iguales

El cuadro de desembolsos y el pago se pueden ver en la tabla siguiente.

Fechas	Días entre pagos	Días acumulados
11/01/2022	0	
28/02/2022	48	48
28/03/2022	28	76
28/04/2022	31	107
28/05/2022	30	137
28/06/2022	31	168

En este caso procedemos de la forma siguiente:

El valor actual de una serie de pagos es igual a la sumatoria de los valores actualizados de cada pago; dicho de otra manera, es actualizar al momento cero cada uno de los pagos.

$$P = R(\sum_{1}^{n}(1 + i)^{-n})$$

De donde despejamos R

$$R = \frac{P}{(\sum_{1}^{n}(1 + i)^{-n}}$$

Necesitamos la sumatoria de los valores actualizados de los pagos o rentas, que obtenemos de la siguiente manera:

Fechas	N° de cuota	Días transcurridos	Días acum.	$(1 + i)^{-\frac{Días\ Acum}{360}}$
11/01/2022		0	0	
28/02/2022	1	48	48	0,989790997
28/03/2022	2	28	76	0,983883945
28/04/2022	3	31	107	0,977385107
28/05/2022	4	30	137	0,971136784
28/06/2022	5	31	168	0,964722144
Totales	5	168		4,886918977

Explicación de los cálculos

1. Días transcurridos entre pagos. En Excel *días* (28/02/2022;11/02/2022) = Días (A10; A9).
2. Días acumulados = Sume al valor acumulado anterior los días transcurridos en cada caso (0 + 48 = 48), (48 + 28 = 76), (76 + 31 = 107)… así sucesivamente.

3. $(1 + i)^{-\frac{Dias\ acum}{360}} = (1 + 0{,}08)^{(48/360)} = 0{,}989790997;$

$(1 + 0{,}08)^{-(76/360)} = 0{,}9833883945$

4. Sume los valores del paso anterior = 4,886918977.

   Aplicamos la fórmula para calcular R

$$R = \frac{P}{(\sum_{1}^{n}(1 + i)^{-n}}$$

$$R = \frac{12\,000}{4{,}886918977}$$

   R = S/2 455,53

Elaboración del cuadro de amortización:

Fechas	N° de cuota	Días transcurridos	Días acum.	$(1+i)^{-\frac{Días\ Acum}{360}}$	Interés	Amortización	Pago	Saldo
11/01/2022		0						12 000,00
28/02/2022	1	48	48	0,989790997	123,77	2 331,76	2 455,53	9 668,24
28/03/2022	2	28	76	0,983883945	58,05	2 397,49	2 455,53	7 270,75
28/04/2022	3	31	107	0,977385107	48,34	2 407,19	2 455,53	4 863,56
28/05/2022	4	30	137	0,971136784	31,29	2 424,24	2 455,53	2 439,32
28/06/2022	5	31	168	0,964722144	16,22	2 439,32	2 455,53	0,00
Totales	5	168		4,886918977	277,67	12 000,00		

Nota: El interés de cada cuota se calcula con la fórmula $I = S\ anterior\ ((1 + i)^{(\frac{Dias}{360})} \text{-}1)$ en cada caso debido a que son diferentes los días entre pagos.

$$I_{Cuota\ 1} = 12\,000\ ((1 + 0{,}08)^{(\frac{48}{360})}\ \text{-}1)$$

$$I_{\text{Cuota 1}} = 123{,}77$$

Las cuotas tienen un proceso específico para este caso, y los cálculos de amortización y saldo se realizan de manera idéntica a las demás tablas de amortización.

Rentas con saldo pendiente al final de los pagos

En este caso, después de haber realizado el último pago, queda un saldo pendiente que se utiliza para trasladar al final una parte del pago que el flujo de caja del locatario permita; de manera que pueda refinanciarse o programar pagos de contratos de arrendamiento financiero, llamados también *leasing*, en los que se establece el pago del saldo como valor del bien alquilado para su transferencia en propiedad al locatario.

El procedimiento es el siguiente:

1. El saldo que quedará pendiente de pago al realizar el último pago se actualiza utilizando la fórmula del valor presente.
   $P = S(1 + i)^{-n}$
   Donde n es el número de pagos periódicos.
2. Este valor se resta del capital inicial P y sobre esta diferencia se calcula la cuota periódica R.
3. Para confeccionar la tabla de amortización se considera el total del capital prestado.

4. Como consecuencia, al realizar el último pago queda pendiente de pago el importe establecido.
5. El efecto es equivalente a otorgar dos préstamos: uno pagadero en cuotas o rentas, y otro pagadero en una sola cuota al final del horizonte temporal del préstamo.

Ejemplo: Calcular la cuota mensual de un préstamo por S/200 000,00 al 1 % mensual, pagadero en 4 cuotas mensuales iguales vencidas, y que quede un saldo de S/15 000,00 al realizar el último pago.

Datos:

P = S/200 000,00

i = 1 % mensual = 0,01 unitaria mensual

n = 4 cuotas mensuales iguales

z = S/15 000 Saldo al final del periodo 4

Procedimiento

1. Calculamos el valor presente del importe del saldo que debe quedar pendiente de pago al finalizar el último pago:

$P = S(1 + i)^{-n}$

$P = 15\,000{,}00(1 + 0{,}01)^{-4}$

P = S/14 414,71

Establecemos el capital inicial del préstamo para efectos del cálculo de la cuota:

P = 200 000 - 14 414,71

P = S/185 585,29

Calculamos el importe de la cuota vencida:

$$R = \frac{Pi}{1 - (1 + i)^{-n}}$$

$$R = \frac{185\,585{,}29\,(0{,}01)}{1 - (1 + 0{,}01)^{-4}}$$

R = S/47 562,00

Cuadro de amortización

Cuotas	Interés	Amortización	Pago	Saldo
0				200 000,00
1	2000,00	45 562,00	47 562,00	154 438,00
2	1544,38	46 017,62	47 562,00	108 420,38
3	1084,20	46 477,80	47 562,00	61 942,58
4	619,43	46 942,58	47 562,00	15 000,00

Notas: Para obtener resultados exactos se deben realizar todos los cálculos sin aproximar resultados parciales; así, por ejemplo, el pago o renta periódica R debe calcularse sobre el monto del crédito menos el valor actualizado de los S/15 000,00 (200 000 - (15 000(1 + 0,01)$^{-4}$) = S/185 585,294832758 sin aproximación.

La aproximación solo se muestra en los resultados finales, tratándose de monedas a dos decimales.

Rentas con costes adicionales al interés

El caso típico de esta modalidad es cuando el interés está gravado con impuestos, mas no la devolución del capital, como ocurre con el impuesto general a las ventas en el Perú para las personas naturales o jurídicas no financieras.

Procedimiento

1. Calculamos la tasa de coste efectivo para el periodo, incluyendo el impuesto, con la siguiente fórmula:
   TCE = i + impuesto

TCE = i + i (tasa de impuesto)

TCE = i (1 + tasa de impuesto)

2. Con esta TCE calculamos la cuota o pago (total por concepto de interés, IGV y amortización).
3. Confeccionamos la tabla de amortización distribuyendo el pago total entre interés, impuesto y amortización.

   Ejemplo confeccionar la tabla de amortización de un préstamo por S/20 000,00 pagadero en 4 cuotas anuales a la tasa del 121 % anual.

   Ordenando los datos tenemos:

P =	S/20 000,00	
i =	12 % anual	0,12 unitaria anual
n =	4 cuotas anuales	4
IGV =	18 % de los intereses	0,18
TCE =	12 % del capital + 18 % de los intereses	14,16 %
R =	S/6886,62	

   Cálculo de la tasa de costo real = 1,18(0,12) 0,1416

Tabla de amortización con IGV

Cuotas	Interés	IGV	Amortización	Pago	Saldo
0					20 000,00
1	2400,00	432,00	4054,62	6886,62	15 945,38
2	1913,45	344,42	4628,76	6886,62	11 316,62
3	1357,99	244,44	5284,19	6886,62	6032,43
4	723,89	130,30	6032,43	6886,62	0,00
Σ	6395,33	1151,16	20 000,00		

	Interés = Saldo anterior x tasa de interés	IGV = Interés x tasa de impuesto	Amort. = Pago - (Interés + IGV)	$R=\frac{P(TCE)}{1-(1+i)^{-n}}$	Saldo = Saldo anterior - Amort.

PAGOS ALEATORIOS

Se denominan pagos aleatorios cuando no se pueden establecer frecuencia ni monto, como en las cobranzas judiciales, en las que el deudor consigna importes de acuerdo a su posibilidad o voluntad de pago.

En estos casos no cabe cálculo previo alguno porque nada está establecido; entonces lo que se realiza es una aplicación del pago después de que este ha sido realizado.

Tabla de amortización con pagos aleatorios

Procedimiento:

1. Calcular los días transcurridos entre una operación y otra.
2. Calcular el interés para los días transcurridos con la fórmula:

$$I = P((1+i)^{\frac{días}{360}} - 1)$$

3. Aplicar el pago realizado.

Ejemplo numérico

Una deuda vencida el 30/03/2021 por S/15 000,00 y pactada al 15 % de interés anual.

Recibe los siguientes pagos a cuenta:

Fecha	Importe S/.
20/04/2021	20,00
16/06/2021	5000,00
18/06/2021	10 000,00

Calcular el Saldo al 22/06/2021					
FECHA	DIAS	INTERÉS	AMORTIZACIÓN	PAGO	SALDO
		$I = Saldoant\,((1+i)^{\frac{dias}{360}} - 1)$	$S = SaldAnt - Amortiz$	Dato	$Amort = Pago - Int$
30/03/2021	0	Vencimiento			15 000,00
20/04/2021	21	122,79	-102,79	20,00	15 102,79
16/06/2021	57	337,93	4 662,07	5 000,00	10 440,73
18/06/2021	2	8,11	9 991,89	10 000,00	448,84
22/06/2021	4	0,70	-0,70	0,00	449,53

Observación: Se puede verificar que, si el pago es menor al interés devengado, la deuda crece; si el pago es mayor que el interés devengado, la deuda se reduce; si el pago es exactamente igual al interés devengado, la deuda se mantiene constante.

TRES FORMAS DE PAGAR DEUDAS

P = 20 000,00   i = 0,12 unitaria   n = 5

Amortizaciones iguales. «Método alemán»

Periodo	Interés	Amortización	Pago	Saldo
	= saldo x i	Igual		= saldo - amort
0				20 000,00
1	2400,00	4000,00	6400,00	16 000,00
2	1920,00	4000,00	5920,00	12 000,00
3	1440,00	4000,00	5440,00	8000,00
4	960,00	4000,00	4960,00	4000,00
5	480,00	4000,00	4480,00	0,00
Sumas	**7200,00**	**20 000,00**	**27 200,00**	

P = 20 000,00   i = 0,12 unitaria   n = 5

Sin amortización. «Método americano»

Periodo	Interés	Amortización	Pago	Saldo
	= saldo x i	AL FINAL DEL HORIZONTE	SOLO INTERESES	= saldo - amort
0				20 000,00
1	2400,00	0	2400,00	20 000,00
2	2400,00	0	2400,00	20 000,00
3	2400,00	0	2400,00	20 000,00
4	2400,00	0	2400,00	20 000,00
5	2400,00	20 000,00	22 400,00	0,00
Sumas	**12 000,00**	**20 000,00**	**32 000,00**	

P = 20 000,00 i = 0,12 unitaria n = 5

Pagos iguales. «Método francés»

Periodo	Interés	Amortización	Pago (*)	Saldo
	= saldo x i	= pago - int	Igual	= saldo - amort
0				20 000,00
1	2400,00	3148,19	5548,19	16 851,81
2	2022,22	3525,98	5548,19	13 325,83
3	1599,10	3949,10	5548,19	9376,73
4	1125,21	4422,99	5548,19	4953,75
5	594,45	4953,75	5548,19	0,00
Sumas	**7740,95**	**20 000,00**	**27 740,95**	

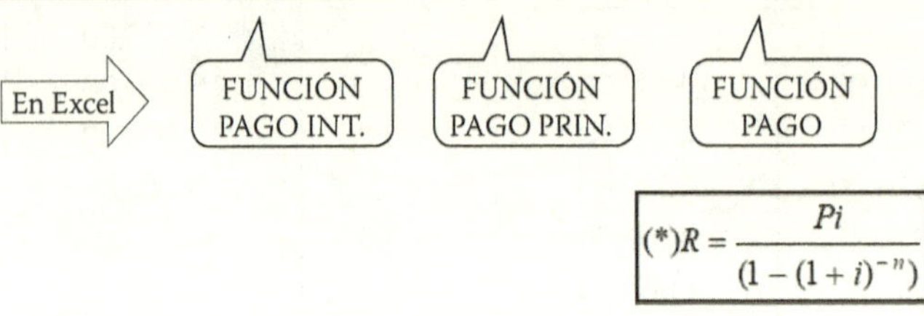

Gráfica de la amortización

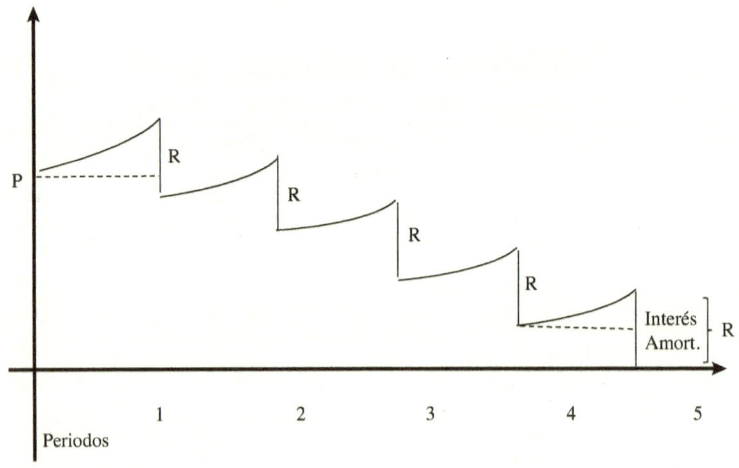

En la gráfica se puede observar que el pago o cuota se distribuye en dos partes, interés y amortización. Al inicio, el interés es mayor y la amortización menor; en las sucesivas cuotas la proporción se modifica, de manera que en las últimas cuotas el interés es menor y la amortización mayor, debido a que el interés va disminuyendo conforme se va amortizando el capital.

Por otro lado, se puede observar que de un punto a otro la deuda recorre por la función $(1 + i)^n$, que es una curva, no una recta.

MODELO TEMPORAL DE EQUIVALENCIAS FINANCIERAS

Es un modelo matemático que permite visualizar el importe que toma el dinero en diferentes momentos, capital inicial P, capital final S o una serie de pagos R adelantados o vencidos, donde los importes son diferentes; sin embargo, el valor es el mismo. Si, por ejemplo, se compra un bien pagando al inicio P, al final S, o en una serie de pagos, el valor en los tres momentos es el mismo, porque el valor del bien es único.

MODELO TEMPORAL DE EQUIVALENCIAS FINANCIERAS

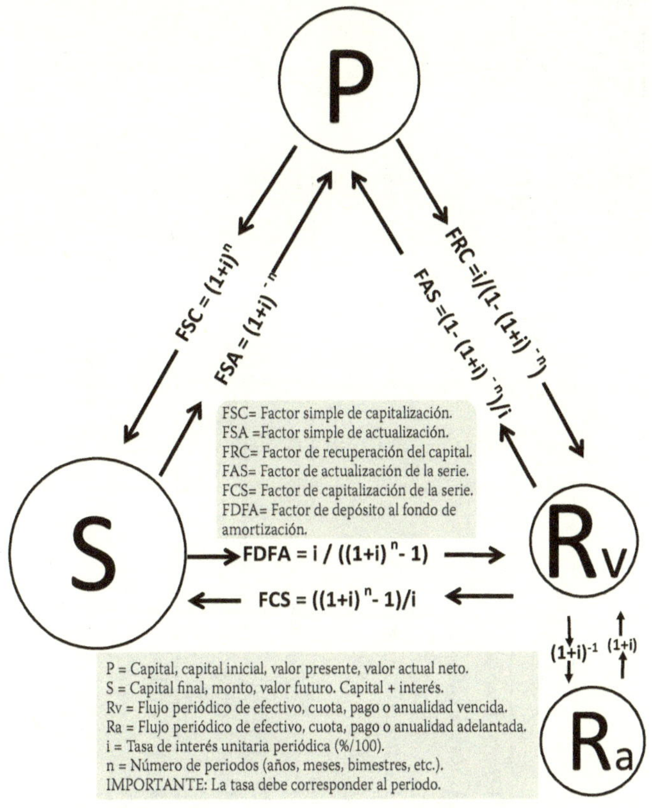

CÁLCULO DE TODOS LOS FACTORES

	Tasa = i =	12,0000%	0,1200000000		
	Períodos = n =	5	5		
NOMBRE	**ABREVIATURA**	**EXPRESIÓN MATEMÁTICA**	**VALOR**	**EQUIVALENCIA**	**FUNCIÓN**
Factor **S**imple de **C**apitalización	FSC	(1+i)^n	1,7623416832	FSA^{-1}	Convierte un Stock Inicial (P) en Stock Final (S)
Factor **S**imple de **A**ctualización	FSA	(1+i)^ -n	0,5674268557	FSC^{-1}	Convierte un Stock Final (S) en Stock Inicial (P)
Factor de **R**ecuperación del **C**apital	FRC	i/(1-(1+i)^-n)	0,2774097319	FAS^{-1}	Convierte un Stock Inicial (P) en flujo (R)
Factor de **A**ctualización de la **S**erie	FAS	(1-(1+i)^-n)/i	3,6047762023	FRC^{-1}	Convierte un flujo (R) en Stock Inicial (P)
Factor de **D**epósito al **F**ondo de **A**mortización	FDFA	i/(((1+i)^n))-1)	0,1574097319	FCS^{-1}	Convierte un Stock Final (S) en flujo (R)
Factor de **C**apitalización de la **S**erie	FCS	(((1+i)^n)-1)/i	6,3528473600	$FDFA^{-1}$	Convierte un flujo (R) en Stock Final (S)

Los valores en gris pueden cambiarse

Los valores en gris son los resultados

Aplicaciones de matemática financiera

EVALUACIÓN FINANCIERA DE PROYECTOS

La evaluación financiera de proyectos de inversión le permite al inversionista tomar decisiones correctas mediante la utilización de instrumentos de evaluación.

Estos instrumentos permiten comparar si una inversión es mejor que otra. Para este fin, contamos con tres métodos que son:

1. El valor actual neto, conocido como por su sigla VAN.
2. La relación beneficio-costo, cuya sigla es RB/C.
3. La tasa interna de retorno o TIR

EL VALOR ACTUAL NETO (VAN)

Es el valor que resulta de la diferencia entre el desembolso inicial de la inversión y el valor presente, al momento cero, de los futuros ingresos netos esperados a la tasa determinada por el inversionista. La tasa la obtiene el inversionista del coste de oportunidad, es decir, de la tasa a la que tiene que renunciar para aplicar sus recursos financieros en un nuevo proyecto.

La fórmula del VAN es:

$$VAN = -P + \frac{R_1}{(1+i)^1} + \frac{R_2}{(1+i)^2} + \ldots\ldots\ldots\ldots \frac{R_n + VR}{(1+i)^n}$$

Donde:

VAN = Valor actual neto

P = Inversión inicial

R_n = Futuros ingresos esperados del proyecto

VR = Valor de recuperación o valor de salvamento

i = Tasa de interés del inversionista

Podemos graficar de la siguiente manera:

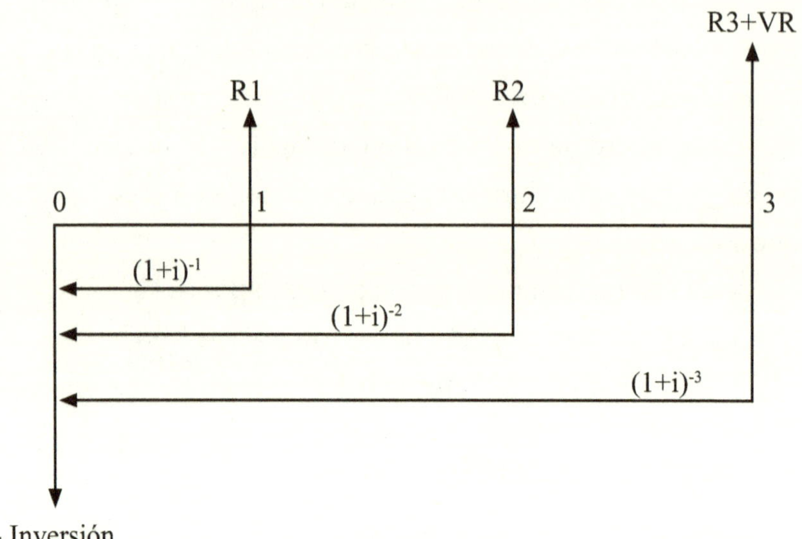

Si el VAN ES = 0, el proyecto es indiferente

Si el VAN ES > 0, el proyecto es viable

Si el VAN es < 0, el proyecto es inviable

Ejemplo:

Se adquiere una máquina por \$ 50 000,00, la vida útil de la misma es 5 años, al cabo de los cuales se puede vender en \$ 2500,00.

La máquina tiene un rendimiento anual de \$ 11 500,00 si la tasa mínima del inversionista es 5 %.

Calcular el VAN.

Datos:

P = \$ 50 000,00

R = \$ 11 500,00

n = 5 años

i = 0,05 unitaria anual

VR = $ 2500,00

VAN = Σ Valores actualizados de los flujos - inversión

VAN = (10 952,38 + 10 430,84 + 9934,13 + 9461,08 + 10 969,37) – 50 000,00

VAN = 1747,80

Tasa periódica anual = 0,05		Inversión = $50 000,00	
Años	**Flujos S/**	**Fórmulas**	**Valores actualizados**
0	-50 000,00	=-50 000(1+0,05)^-0	-50 000,00
1	11 500,00	=11 500(1+0,05)^-1	10 952,38
2	11 500,00	=11 500(1+0,05)^-2	10 430,84
3	11 500,00	=11 500(1+0,05)^-3	9934,13
4	11 500,00	=11 500(1+0,05)^-4	9461,08
5	14 000,00	=14 000(1+0,05)^-5	10 969,37
		VAN = Σ	1747,80

Proyecto viable dado que el VAN > 0.

Con Excel, se obtiene el VAN de la siguiente manera:

Ir a Fórmulas financieras, VNA.

Tasa periodica anual =	5%				
Inversión	-50 000,00		El VAN se calcula obteniendo la función VNA de los flujos y restando el valor de la inversión. Excel imputa al primer dato de los flujos un rendimiento al final del periodo 1, motivo por el que no debe incluirse la inversión.		
	Flujos				
	11 500,00				
	11 500,00				
	11 500,00				
	11 500,00				
	14 000,00				
VAN	101 747,80				
	VAN = VNA(B15;B18:B22)+B16				

LA RELACIÓN BENEFICIO-COSTO (R B/C)

Es otra forma de evaluar proyectos de inversión, con la misma información del método del VAN.

Para calcular la relación B/C, primero se halla la suma de los beneficios descontados, traídos al presente, y se divide sobre la suma de los costes también descontados.

$$B/C = \frac{\textit{Suma de los valores actualizados de los beneficios}}{\textit{Suma de los valores actualizados de los costes}}$$

Con los datos del ejemplo anterior tendríamos:

Tasa periódica	5%	Inversión	$50 000,00

Año	Flujos	Fórmula	Valores actualizados
1	11 500,00	$=11\ 500(1+0,05)^{-1}$	10 952,38
2	11 500,00	$=11\ 500(1+0,05)^{-2}$	10 430,84
3	11 500,00	$=11\ 500(1+0,05)^{-3}$	9 934,13
4	11 500,00	$=11\ 500(1+0,05)^{-4}$	9 461,08
5	14 000,00	$=14\ 500(1+0,05)^{-5}$	10 969,37
		ΣFlujos actualizados	51 747,80

R B/C= 51 747,80/50 000 1,034955943

Nota: Para el cálculo de la relación B/C se debe tomar el valor positivo tanto de los costes como los beneficios.

$$B/C = \frac{10\ 952{,}38 + 10\ 430{,}84 + 9\ 934{,}13 + 9\ 461{,}08 + 10\ 969{,}37}{50\ 000}$$

$$B/C = \frac{51\ 747{,}80}{50\ 000}$$

$$B/C = 1{,}034955943$$

Para la decisión sobre la viabilidad de la inversión, se aplican los siguientes parámetros si:

- $B/C > 1$: El proyecto es viable debido a que los beneficios son mayores que los costes.
- $B/C = 1$: Es indistinto ejecutar el proyecto debido a que los beneficios igualan a los costes.
- $B/C < 1$: El proyecto es inviable debido a que los costes son mayores que los beneficios.

El proyecto es viable debido a que los costes son menores que los beneficios, lo que nos lleva a la misma conclusión que el método del VAN.

LA TASA INTERNA DE RETORNO (TIR)

Es la tasa que hace el VAN = 0 y la Relación B/C = 1 es la tasa que iguala los valores actualizados de los beneficios con el valor actualizado de los costes.

Dicho de otra manera, es la tasa que devuelve el proyecto.

Para la evaluación de este parámetro, se utiliza la comparación de la tasa interna del proyecto con la tasa del inversionista.

La TIR se calcula por aproximaciones sucesivas para cuyo efecto se confecciona una tabla similar a la que nos sirve para calcular el VAN con los siguientes datos.

En este caso, tenemos que realizar una prueba con una tasa cualquiera e ir variando de acuerdo al VAN obtenido, pero esta operación resulta tediosa debido a que es necesario realizar muchos cálculos.

Lo recomendable es usar la función TIR con Excel para cuyo efecto solo es necesario aplicar la función TIR al rango de flujos, considerando los egresos con signo negativo.

Como se ve en el cuadro siguiente, para efectos de comprobación, aplicamos la TIR obtenida y el resultado es un VAN = 0.

Tasa períodica =	6,2218%		
Año	**Flujos**	**Fórmula**	**Valores actualizados**
0	-50 000,00		-50 000,00
1	11 500,00	=11 500(1+$B$1)^-1	10 952,38
2	11 500,00	=11 500(1+$B$1)^-2	10 430,84
3	11 500,00	=11 500(1+$B$1)^-3	9 934,13
4	11 500,00	=11 500(1+$B$1)^-4	9 461,08
5	14 000,00	=14 000(1+$B$1)^-5	10 969,37
		VAN	0,00
	Fórmula	=TIR(B21:B26)	
		TIR=	6,2218%

Determinación de factores de cobro

"Año del Cuatrocientos Cincuenta Aniversario del Nacimiento del Inca Garcilaso de la Vega"

Superintendencia de Banca y Seguros

Lima, 10 de abril de 1989

CIRCULAR No. B- 1813-89
F- 158-89
M- 165-89
CM- 043-89

REF. : Tasas de Interés efectivas Activas.

Señor Gerente:

Sírvase tomar nota que esta Superintendencia, en uso de las atribuciones que le confiere el inciso j) del artículo 4o. de su Ley orgánica, y en concordancia con las disposiciones que establecen tasas efectivas máximas para operaciones activas, ha resuelto disponer lo siguiente:

1. Para la determinación de los factores de cobro aplicables a los saldos deudores de las colocaciones concedidas por cada institución financiera, son aplicables las siguientes fórmulas:

A TERMINO VENCIDO

$$ievn = (1 + ieva)^{n/360} - 1$$

donde:

ievn = Factor de cobro de interés efectivo a término vencido para un período de "n" días.

ieva = Tasa de interés efectiva máxima anual, establecida por el Banco Central de Reserva del Perú para el respectivo plazo del crédito pactado.

A TERMINO ADELANTADO

$$dn = \frac{ievn}{1 + ievn}$$

donde:

dn = Factor de descuento para un período de "n" días.

Superintendencia de Banca y Seguros

2. Las fórmulas antes expuestas deberán ser exhibidas en lugares visibles al público de las oficinas de las instituciones financieras, así como los factores resultantes de su aplicación establecidos por esta Superintendencia serán de uso obligatorio y deberán estar a la inmediata disposición de los usuarios.

   Los mencionados factores no podrán ser aproximados por exceso y, de contener componentes adicionales al interés, se distribuirá entre éstos en proporción al porcentaje que cada uno represente en la tasa agregada total establecida.

3. Está prohibida cualquier retención que limite la disponibilidad plena de la utilización del crédito, salvo los intereses cobrados por adelantado de acuerdo a las normas vigentes.

4. Está prohibida cualquier forma, modalidad o sistema que altere el plazo del crédito sobre el cual se calculen los intereses.

5. Exceptúase de la prohibición contenida en el punto 3) de la presente Circular, los aportes de inversión que se efectuarán con respecto a los préstamos que concedan las mutuales de vivienda.

Quedan sin efecto las Circulares Nos.B-1712-85, F-064-85, M-091-85, EAF-009-85, AGD-033-85 y B-1714-85, F-066-85, M-094-85,EAF-010-85,AGD-034-85 y CM-001-85 y Cartas Circulares Nos. B-198-85, F-035-85, M-019-85 y EAF-003-85.

Atentamente,

Hugo García Salvattecci
Superintendente de Banca y Seguros

REPUBLICA DEL PERU – Superintendencia de Banca y Seguros

Para acceder gratuitamente, con el procedimiento que se indica en la misma página web, a los archivos digitales que contiene el libro, por favor escanee el siguiente código. También ponemos a su disposición el servicio de consultoría financiera de pago para casos específicos.

LECTURAS RECOMENDADAS

Álgebra: Manual del usuario (Gabriel G. Rojas Pérez)

Cálculo vectorial con Wolfram (Varios autores)

Introducción al lenguaje R. Funciones, gráficas y estadísticas descriptivas (Elmis Jonatan García Zare y Noelia Patricia Rodríguez Paredes)

www.ingramcontent.com/pod-product-compliance
Lightning Source LLC
LaVergne TN
LVHW091227150826
845673LV00003B/1055

* 9 7 8 6 1 2 4 9 0 5 1 8 6 *